制氢装置隐蔽项目检查方法

中国石油化工股份有限公司炼油事业部　编

中国石化出版社

图书在版编目（CIP）数据

制氢装置隐蔽项目检查方法 / 中国石油化工股份有限公司炼油事业部编 .—北京：中国石化出版社，2023.4
ISBN 978-7-5114-6996-0

Ⅰ.①制… Ⅱ.①中… Ⅲ.①制氢－化工设备－设备检修 Ⅳ.① TE966

中国国家版本馆 CIP 数据核字（2023）第 045577 号

中国石化出版社出版发行

地址：北京市东城区安定门外大街 58 号
邮编：100011 电话：(010) 57512500
发行部电话：(010) 57512575
http：//www.sinopec-press.com
E-mail：press@sinopec.com
北京富泰印刷有限责任公司印刷
全国各地新华书店经销
*
710×1000 毫米 16 开本 4 印张 65 千字
2023 年 5 月第 1 版 2023 年 5 月第 1 次印刷
定价：30.00 元

《制氢装置隐蔽项目检查方法》
编 委 会

序　言

随着我国炼化装置越来越大型化、智能化和集约化，安全、环保、稳定运行和效益的矛盾日益突出，如何实现炼化装置设备、管道及设施的长周期完好，是摆在我们面前急需解决的课题。隐蔽项目的检查是装置检修的难点，不仅存在着诸多的未知因素，而且还面临着隐蔽项目检查和检修不到位或判断失误，造成装置停车或事故，严重影响着装置的“安稳长”运行。

目前，大型的炼化装置已经实现了“四年一修”的目标，未来正在向“五年一修”的目标迈进，要求各级设备管理人员不仅要有设备运行、维护和检修的经验，更重要的是对隐蔽项目会制定方案、会找问题、会检修，确保装置设备、管道及设施在可控的范围内发挥更大的作用。随着设备检修要求的提高和检修周期的延长，装置与之管理相适应人员的经验略显不足，技术水平急需提高，隐蔽项目“不怕查出问题，就怕有问题查不出来”，这种现象已经引起了我们的高度重视。目前急需一个装置隐蔽工程检查规范的指导性书籍，把隐蔽项目检查内容、方式和作业行为进行规范，避免由各企业或者设备管理人员、检修人员自行操作，使之过去存在的随意性大、不科学、不专业得以纠正，防止出现过修、失修造成安全事故。编制一部具有较强的专业性和实用性的工具书来指导隐蔽项目检查，势在必行。

本书是一部专门针对炼油装置隐蔽项目检查方法和过程控制的工具书，重点解决隐蔽项目“查什么？怎么查？过程如何控制？”的问题，针对中国石化炼化装置历史故障和维修的大量数据，分析可能出现的问题，利用现代的检测手段，制定检查部位和检查方法，确定修复措施。本书对于指导工艺管理人员、设备管理人员、检修人员制定检修计划、检修方案具有很强的实用价值，有助于提高隐藏缺陷的检出率、修复率和检修效率，降低因隐蔽项目带来的风险和经济损失。本书语言通俗易懂，描述细致详实，图文并举，可作为检修方案的编制依据，可作为工艺、设备和检维修管理人员的培训教材，可作为专业人员的参考书籍。

诚然，由于时间仓促，编者水平有限，本书难免有错漏之处，需广大设备管理工作者在实践中不断指正，在以后的版本中加以改进和完善。

目　录

1 制氢装置简介

1.1 天然气制氢装置工艺简介

氢是元素周期表中第一种元素，也是最轻的元素，相对原子质量为1.0079，它是组成水、石油、煤炭及生命体等的一个要素，由两个氢原子结合在一起成为氢分子，即氢的单质。

氢是自然界中较为丰富的物质，也是应用较广泛的物质之一，是重要的工业原料。在化学工业、半导体工业及冶金工业等中均占有重要的地位，特别是在化学工业中以氢为原料可生产许多重要的化工产品，如合成氨、甲醇、精炼各种石油产品及合成多种有机化学产品。氢也可以作为燃料，是城市煤气及工业燃料的重要组成部分，大部分氢气是生产后就地消耗使用，如石油工业的制氢装置就是为了精制各种石油产品和合成各种有机化学产品。

制氢装置采用烃类水蒸气转化法造气和变压吸附氢气提纯的工艺，工艺流程简单，成熟可靠，产品氢气纯度高。装置由原料升压及预处理、转化及中温变换、中变气换热及冷却、PSA氢气提纯、工艺冷凝水回收及蒸汽发生系统等五部分组成。装置原料设计为天然气或液化天然气（LNG），以罐区提供的轻石脑油为补充原料。产品为工业氢气，氢气主要提供给全厂氢气管网，另外少量高纯度氢气送聚丙烯装置。装置副产的变压吸附尾气，全部用作转化炉燃料。另外，装置设计负荷下可副产3.5MPa过热蒸汽。

装置的主要动设备原料天然气压缩机兼用作开工压缩机，一般为往复式压缩机。转化炉为垂直管排顶烧箱式炉，视加热炉负荷设有并排的多根转化炉管，一般分四排平行布置。转化炉燃烧器分为顶烧和侧烧火嘴，顶烧火嘴布置在转化炉顶部，侧烧火嘴布置在炉膛下部烟气出口的反向炉壁上；燃烧器操作弹性大，燃烧适应性强，可分别或混烧高压燃料气、中变气、PSA尾气，结构简单，便于维修，不易回火和堵塞，火焰稳定，刚直有力。

装置的产品氢气纯度（体积分数）为99.9%以上，氢气主要供给蜡油加氢精制装置，并与全厂氢气管网相连；少量氢纯度99.99%以上、CO含量低于0.5μL/L的高纯度氢气，专线供聚丙烯装置使用。

天然气制氢装置原则流程图如图1-1所示。

1.2 装置失效机理及分布情况

制氢装置主要腐蚀介质是氢气、二氧化碳。高温操作条件下，设备会发生材料老化失效和高温氧化。另外，水质控制不好，锅炉及蒸汽发生器高温水侧会出现氧腐蚀，若加热炉的燃料硫含量高，加热炉对流段可能产生烟气露点腐蚀。在含有氯离子的溶液中，300系列奥氏体不锈钢在应力作用下易发生应力腐蚀开裂。装置主要易腐蚀部位包括烃类蒸汽转化炉、变换系统的铬钼钢与不锈钢的设备和管道。

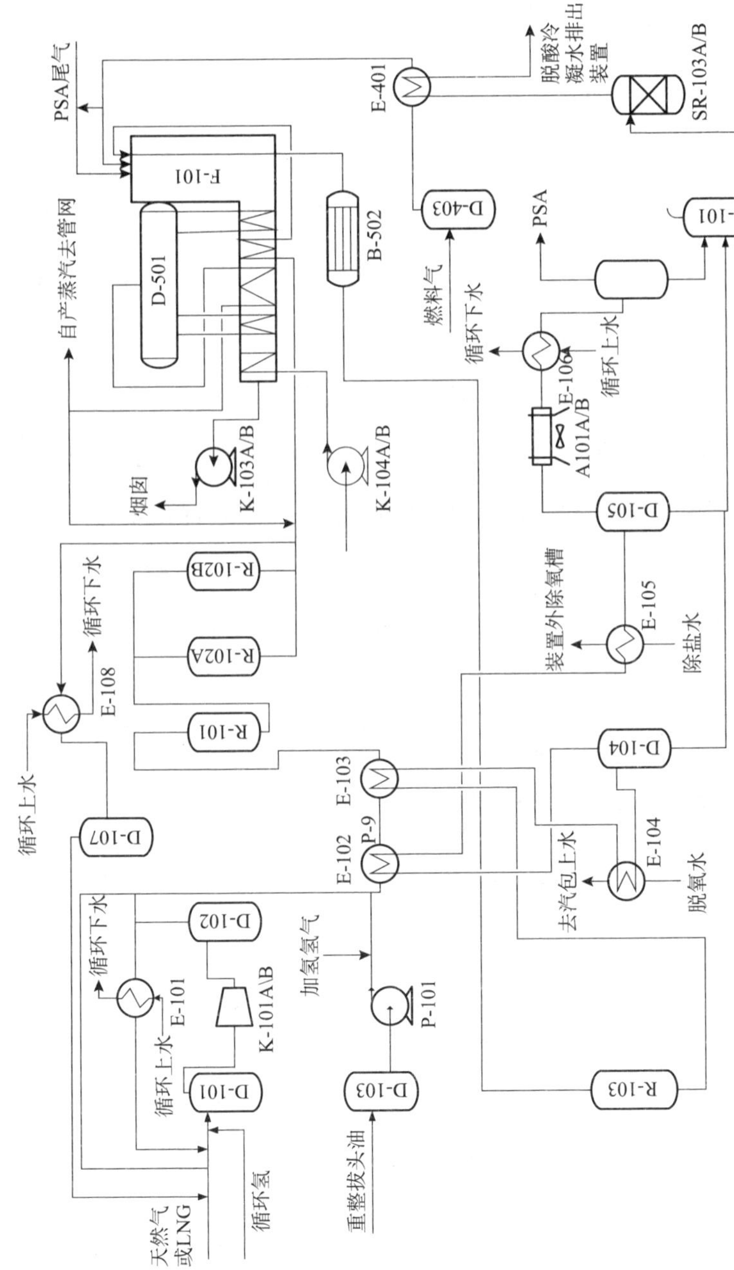

图 1-1 天然气制氢装置原则流程图

1.2.1 高温氢损伤

当温度高于232℃、氢的分压大于0.7MPa时，扩散侵入钢中的氢与钢中不稳定的碳化物起反应生成甲烷，引起钢材的内部脱碳，造成裂纹、鼓泡，削弱了金属材料强度。形成的甲烷气泡成长速度缓慢且没有串通的阶段，钢材的力学性能不发生明显改变，这段时间称为“孕育期”。一旦到达扩展期会迅速造成开裂，造成极大事故。“孕育期”的长短取决于许多因素，包括钢种、氢压、温度、冷作程度、杂质元素含量和作用应力等。为了抵抗高温氢腐蚀，参照API RP941《炼油厂和石油化工厂用高温高压临氢作业钢》中的Nelson曲线来选择反应器基体的材料。铬钼钢具有抗氢腐蚀能力与足够的高温强度，选用含铬钼钢可有效防止氢腐蚀发生。本装置发生高温氢损伤的部位有原料预处理的加氢反应部分、转化炉至变换部分的设备与管道，主要有如下设备可能存在此机理：加氢反应器、脱硫反应器，转化炉至中变反应器、中变反应器出口相关的管线。

1.2.2 高温 H_2S/H_2 腐蚀

H_2S/H_2腐蚀通常发生在加氢装置。大多数炼厂里，H_2S/H_2腐蚀的阈值温度是260℃，但要根据循环气体引入的硫化氢的量而定。在氢的促进下可使H_2S加速对钢材的腐蚀，在富氢环境中，原子氢能不断侵入硫化膜，造成膜的疏松多孔，因而H_2S的腐蚀就不断进行。少量的铬（例如5%~9%Cr）只能适度地提高钢的耐腐蚀能力，若要明显地改善钢的耐腐蚀能力，Cr含量至少需要12%。如果再加入Cr和Ni，则可从实质上改善钢的耐腐蚀能力。

可用Couper和Gorman提出的相互关系来估计无烃环境和含烃环境的腐蚀率。

本装置主要有如下设备可能存在此机理：加氢反应器、脱硫反应器，转化炉至中变反应器、中变反应器出口相关管线。

1.2.3 CO_2+H_2O 腐蚀

转化气中含的水蒸气在温度不断下降过程中冷凝，吸收了转化气中CO_2生成碳酸腐蚀环境。腐蚀反应是$H_2O+CO_2+Fe \longrightarrow FeCO_3+H_2$。腐蚀多发生于气液相界面和液相系统内，以及可能产生冷凝液的气相系统冷凝液部位；腐蚀区域壁厚局部减薄，可能形成蚀坑或蚀孔；介质流动冲刷或冲击作用的部位可能形成腐蚀沟槽，典型腐蚀部位为焊缝根部。碳素钢、低合金钢容易受到腐蚀，300系列不锈钢一般可有效抵抗CO_2腐蚀，可用于CO_2分离设备，同时须注意避免奥氏体不锈钢在现场焊接施工可能造成的敏化。奥氏体不锈钢和双相不锈钢具有良好的耐腐蚀性。

1.2.4 氯化物应力腐蚀开裂

300系列奥氏体不锈钢和镍基合金在拉应力和氯化物溶液的作用下发生的表面开裂。影响氯化物应力腐蚀的因素有：金属温度（60℃以上）、氯化物浓度、残余应力、载荷或结构等造成的局部高应力与敏化的材料。材料敏化通常是冷加工后形成的应变马氏体没有经过固溶化热处理，或在材料敏化温度下停留。容易出现氯化物的部位有反应器进料与反应流出物系统300系列不锈钢管道与换热器管束等。制氢装置变换系统的18Cr-10Ni-Ti材料出现过一些焊缝与管件的开裂，这些部位的材料经检验已经敏化了，在氯离子含量高或氯离子浓缩环境下引起开裂。转化炉管也出现过0Cr18Ni9Ti材料炉管法兰的开裂，原因是法兰保温套筒与炉管壁的间隙温度比较低，如果其温度低至转化气露点温度以下，水蒸气冷凝将带来氯离子的应力腐蚀开裂。

1.2.5 锅炉水腐蚀

锅炉系统和蒸汽冷凝水回水管道上发生均匀腐蚀和点蚀。含氧锅炉冷凝水腐蚀为点蚀，多呈溃疡状。溶解的CO_2腐蚀为均匀腐蚀，形成光滑的腐蚀沟槽，锅炉水除氧不彻底时会发生点蚀。腐蚀速率与O_2浓度、CO_2浓度、温度成正比，与pH值成反比。避免锅炉水腐蚀需除氧处理和添加缓蚀剂。由于制氢装置废热锅炉自产蒸汽是本装置转化反应的原料，因此对水质的要求很高，特别是要避免氯离子对300系列不锈钢的应力腐蚀。

1.2.6 碱应力腐蚀开裂

碱应力腐蚀开裂是一种发生在暴露于碱溶液中的设备和管道的表面的应力腐蚀开裂现象，多数情况下出现在未经消除应力热处理的焊缝附近。碳钢、低合金钢和300系列不锈钢都有可能发生碱应力腐蚀开裂现象。制氢装置容易出现问题的部位有余热锅炉的过热蒸汽盘管、转化炉管下部有冷凝水存积部位。碱质量分数超过5%时开裂将发生，随着碱浓度的增加开裂敏感性会增加。温度在46℃以上，有残余应力，如果存在浓缩条件（如：干湿交替、局部热点或高温吹汽等），50~100mg/L的碱浓度就足以引起开裂。

1.2.7 高合金材料材质老化

转化炉高温炉管系统，包括转化炉管、下猪尾管、集合管等，多使用高合金材料。转化炉管的工作条件苛刻，原料气入口温度450~550℃，转化气出炉温度高达760~880℃，炉膛温度高达1400℃以上，管壁工作温度高达850~920℃，内外壁温差大（28~101℃），不仅承受内压引起的工作应力和自重应力，且经受开停工引起的热疲劳和热冲击。由于承受高温与高应力，材料金属特性发生变化，导致强度降低，脆性增加。材料高温老化的损伤模式有蠕变、渗碳、金属粉化、σ相脆化等。

1）蠕变与应力破断。高温下，金属部件在低于屈服应力的载荷下会缓慢不断地变形。受力部件与时间相关的变形称为蠕变。宏观表现为变形或鼓胀，金相显示蠕变孔隙一般在晶界处出现。炉管按持久强度10万小时时间设计选材，提前出现问题的主要原因是不正常的操作、火焰舔炉管或管内催化剂结焦堵塞造成的局部过热，也有可能是炉管质量问题。炉管的破裂部位多发生在焊缝上，母材上也时有发生。破裂经常为纵向的，横向裂纹较少见。炉管因铸造缺陷（如疏松、缩孔夹渣及偏析）在使用一定时间后，也会产生贯穿壁厚的裂纹。由于温度及应力共同作用，常在距炉管内表面大约壁厚的1/3处首先产生微裂纹，再向内、外表面扩展，造成炉管径向开裂。此外，由于迎火面与背火面的温差应力，常会导致炉管弯曲。一般炉管蠕变与开裂在出口端居多，因为那里温度最高。

尾管通过加强接头与转化炉管和集气管连接，在操作工况下，下猪尾管的应力状态很复杂，所受外载除了内压、自重、外保温层质量及温度载荷外，还受到因吸收转化炉管及下集气管的热膨胀变形产生的附加载荷，此外还有吊挂的支承力，导致下猪管尾管与炉管和下集气管的连接接头时常发生开裂而失效，甚至发生着火停工并造成生产中断等，严重影响制氢装置的生产。这类破裂大多发生在猪尾管与炉管或集合管加强接头处，此处应力集中，伴随高温蠕变易造成焊缝及热影响区的环向开裂。

2）渗碳是指碳向金属或合金内部的扩散侵入。尤其是奥氏体不锈钢，因碳在钢中的固溶度大很容易发生渗碳。在转化炉管，碳来源于高温含碳气体在钢表面分解。渗碳速度与温度有关，温度越高，速度越快，特别是当混合气中有氢存在时，能促进渗碳反应的进行。在过热环境中，容易产生s相的Cr25Ni20炉管容易发生渗碳作用。

3）金属粉化造成金属流失。

1.2.8 循环水腐蚀

循环水腐蚀通常发生在水冷器的管程，表现为水锈、水垢以及垢下的坑蚀和局部腐蚀。

冷却水中如果溶解了盐、氧气以及生物组织或微生物，将引起碳钢和其他金属的全面或局部腐蚀。冷却水腐蚀往往和结垢伴随发生。影响冷却水腐蚀的因素有物料温度、循环水的类型（新鲜、半咸、海水）以及冷却系统形式（一次性使用、开放式循环、密闭循环）、循环水含氧量、循环水流速。循环水出口温度和工艺物料入口温度的增大会使循环水腐蚀的腐蚀速率增大，也会增大设备结垢的倾向。循环水中氧含量的增加会增大碳钢冷却水腐蚀的腐蚀速率。如果工艺介质温度高于60℃，就会在新鲜水中形成水锈、结垢，并随着工艺介质温度的升高和冷却水入口温度的升高而加剧。结垢物可能来自于矿物质的沉积（坚硬）、悬浮生物、腐蚀产物、冷却水中生长的水生物和微生物。应当尽可能地保证冷却水流速不能太低，以减少沉积物沉淀和结垢的发生，同时又不能太高，以防止流速过高对设备造成冲蚀。冷却水的流速取决于管子的材料和冷却水的质量，如果冷却水流速低于1m/s很可能会引起结垢、沉淀，并引起设备腐蚀。

冷却水腐蚀可以引起多种形式破坏，包括全面腐蚀、点蚀、微生物腐蚀、应力腐蚀开裂和结垢。当冷却水中溶解氧时碳钢会发生全面或整体腐蚀。局部腐蚀可能是由于垢下腐蚀、缝隙腐蚀或微生物腐蚀所引起。沉淀物或缝隙可以引起垢下腐蚀或缝隙腐蚀。冷却水腐蚀、侵蚀或磨损会在设备接管和管子入口处造成沟槽腐蚀或平滑的腐蚀。300系列不锈钢在冷却水系统中会发生点蚀、缝隙腐蚀和应力腐蚀开裂，碳钢焊缝部位会发生严重的焊缝和热影响区腐蚀。

冷却水腐蚀（和结垢）可以通过合理的设计、运行和冷却水系统的化学处理来预防。设计上工艺介质的入口温度低于57℃。必须保持冷却水流速在最大和最小流速之间，尤其对于含盐水系统。对换热器零件材料进行升级可以改善其耐蚀性，尤其在水含氯量较高、水流速低、工艺温度高和无法保障水处理质量的条件下。应当对影响冷却水腐蚀和结垢的工艺参数进行监控，包括冷却水的pH值、氧含量、生物杀灭剂存留量、生物活性、冷却水出口温度、烃杂质和工艺介质泄漏量等。

1.2.9 大气腐蚀和保温层下腐蚀

大气腐蚀发生在潮湿的环境条件下，海洋环境或潮湿的工业气体污染环境下程度更严重，保温层下腐蚀发生在保温层下积水时。关键因素包括环境条件（工业、海洋或乡村）、潮湿度、温度、盐或硫化物的存在，以及保温层的类型（层下腐蚀）等，特别是氯化物、H_2S、SO_2以及烟尘等空气污染物会加速大气腐蚀。

大气腐蚀表现为均匀或局部腐蚀，依赖于是否有水局部积聚，漆层脱落部位为均匀腐蚀。大气腐蚀外观表现为形成红色氧化铁产物。保温层下腐蚀对于碳钢和低合金钢表现为松散的、薄片状的氧化皮，具有高度的局部腐蚀特征。对300系列不锈钢，保温层下腐蚀表现为凹坑或氯化物应力腐蚀开裂。

主要分布的区域为：

壁温在-12~121℃无保温层的碳钢或低合金钢设备和管道，均可能发生大气腐蚀，特别是漆层脱落部位、操作温度在常温附近波动、停车或长期停用设备、管道支承部位。保温层下腐蚀发生在冷却水塔下风向、冷却水喷淋系统、酸气或蒸汽放空附近，以及法兰、直接焊在器壁上的保温支承圈、平台、扶梯、支腿、接管、蒸汽伴热泄漏部位、设备底部积液部位。

制氢装置典型失效部位及类型如图1-2所示。

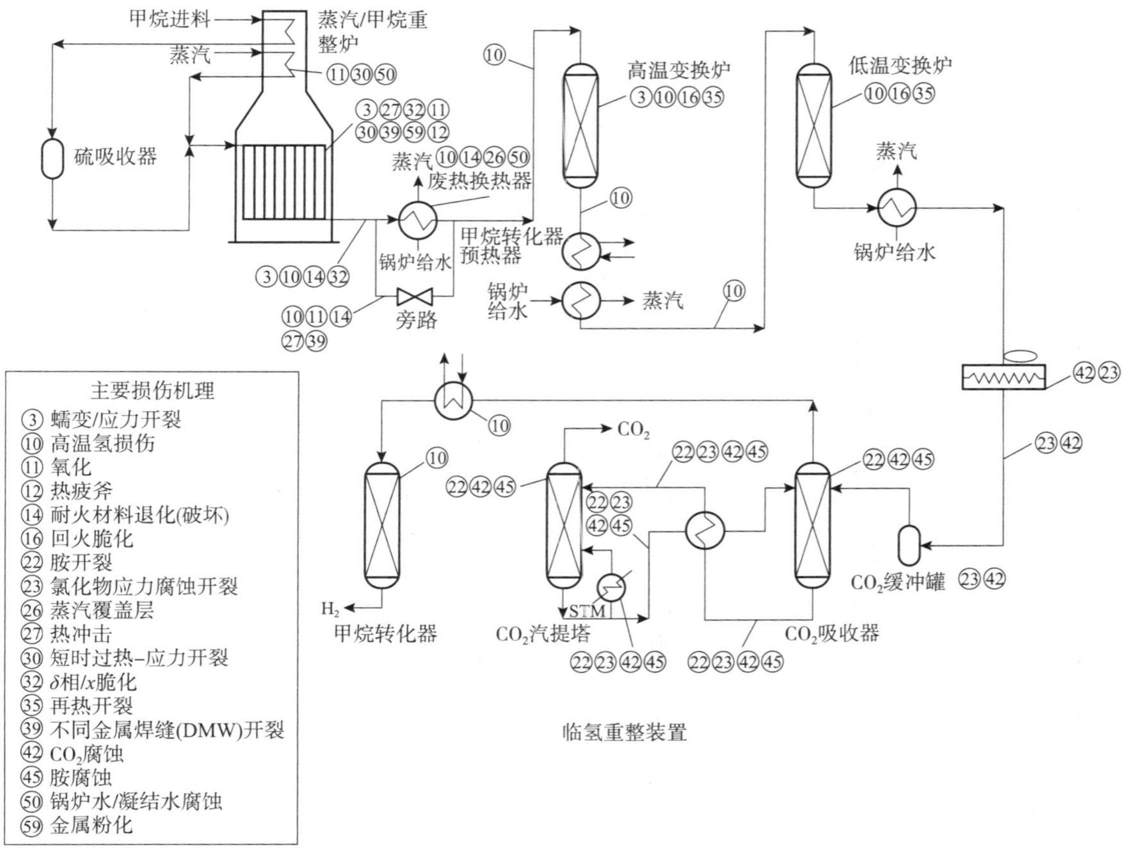

图 1–2 制氢装置典型的失效部位及类型

2　制氢装置隐蔽项目检查及处理

2.1　加氢反应器、脱硫反应器、中变反应器

2.1.1　结构简图

加氢反应器结构简图见图2-1。

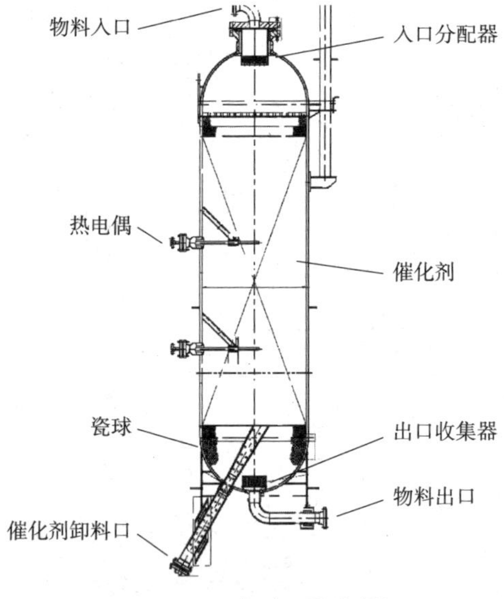

图 2-1　加氢反应器

2.1.2　结构特点及失效机理

制氢装置加氢反应器内发生脱硫、脱氮、脱氧和烯烃饱和等

反应。脱氯反应器内，来自加氢反应后生成的HCl与脱氯剂反应被吸附。中变反应器内，来自转化气中剩余的CO与H_2O反应生成H_2与CO_2。

三种反应器结构相同，均为热壁、轴向反应器，主要结构包括筒体和内构件，内构件又包括进料分配器、栅板、卸料口、出口收集器、热电偶等。筒体介质为15CrMoR。进料分配器的作用是把进料均匀地分配到整个床层上并避免进料直接冲刷催化剂床层。栅板和金属丝网的作用是压实瓷球与催化剂，防止反应过程中因气流冲刷将瓷球与催化剂吹翻导致反应短路。出口收集器的作用是提供反应产物流出通道，防止催化剂流失。它需要支承瓷球、承受催化剂净重产生的压头和床层压差。可由一块钢板制的圆筒和顶部盖板焊接成骨架，在圆筒的周边开若干长条形孔，顶部盖板钻若干个圆孔，在骨架上面捆一层金属丝网或焊接条缝筛网。

反应系统存在的主要腐蚀类型为：加氢反应器部分的高温H_2+H_2S腐蚀和高温氢腐蚀，表现为材料表面脱碳，性能下降；中变系统部分的湿二氧化碳腐蚀、低温湿硫化氢腐蚀，表现为减薄或穿孔、脱碳。易腐蚀部位主要包括：加氢反应器出口设备与管线、中温变换系统的设备与管道等。

2.1.3 隐蔽项目检查方法

反应器隐蔽项目检查方法见表2-1。

表 2-1 反应器隐蔽项目检查方法

设备部位	检查内容	检查方法及标准
设备外表面	1.结构、几何尺寸、外观检查	1.采用目视方法检查压力容器本体结构、几何尺寸、表面情况（如裂纹、腐蚀、泄漏、变形），以及焊缝等
	2.保温层检查	2.检查隔热层的破损、脱落、潮湿，以及隔热层下压力容器壳体腐蚀倾向或者是否产生裂纹

续表

设备部位	检查内容	检查方法及标准
设备本体	1.壁厚检测	1.采用超声测厚的方法选择有代表性的多个点进行检测，重点检测部位： 1.1 上、下封头； 1.2 接管短接； 1.3 宏观检验时发现的可疑部位； 1.4 易受腐蚀、冲蚀的部位； 1.5 使用中易产生变形及磨损的部位
	2.表面缺陷检测	2.采用磁粉检测、渗透检测方法进行检测： 2.1 对压力容器焊缝的检测长度不少于20%； 2.2 应力集中部位、变形部位、宏观检测发现裂纹部位、奥氏体不锈钢堆焊层等应当重点检测； 2.3 检测中发现裂纹时应当扩大表面无损检测的比例或者区域，以便更好地发现其他缺陷； 2.4 如无法在内表面进行检测，可以在外表面采用其他方法进行检测
	3.埋藏缺陷检测	3.宜采用NB/T 47013中超声检测等方法对以下部位进行检测： 3.1 使用过程中补焊过的部位； 3.2 检验时发现焊缝表面裂纹，认为需要进行焊缝埋藏缺陷检测的部位； 3.3 错边量和棱角度超过制造标准要求的焊缝部位； 3.4 使用中出现焊接接头泄漏的部位及两端延长部位； 3.5 承受交变载荷压力容器的焊接接头和其他应力集中部位； 3.6 接管焊缝
	4.材料分析	4.采用化学分析、光谱分析、硬度检测、金相检测等方法按以下要求进行： 4.1 材质不明的，一般需查明主要受压元件的材料种类；对于第Ⅲ类压力容器及有特殊要求的压力容器，需查明材质； 4.2 存在应力腐蚀开裂倾向的容器焊缝，每条纵焊缝选一个部位，环焊缝间隔90°选取4个方位，对焊缝的母材、热影响区、焊肉进行硬度检测； 4.3 选择温度、应力最高的3个部位进行硬度测定； 4.4 运行两个周期以上，宜选择温度、应力最高的3个部位进行金相检测

续表

设备部位	检查内容	检查方法及标准
设备本体	5.强度校核	5.对腐蚀深度超过腐蚀裕量、名义厚度不明、结构不合理或者检验人员对强度有怀疑的压力容器，进行强度校核
人孔	1.螺栓检验	1.1 螺栓在逐个清洗后，检验其损伤和裂纹情况，重点检验螺纹及过渡部位有无环向裂纹，必要时无损检测； 1.2 运行温度在120℃以下建议使用普通的二硫化钼润滑脂；120~220℃建议使用加入多种极压添加剂精制而成的二硫化钼润滑脂的高性能产品；220℃以上建议使用高温抗咬合剂
	2.垫片检验	2.1 垫片规格正确，金属环垫应逐件进行外观检查，密封面不得有划痕、磕痕、裂纹和疵点等缺陷； 2.2 金属环垫应逐件进行硬度检查，硬度应低于法兰环槽密封面的硬度
人孔	3.密封面	3.1 法兰检查有无裂纹，孔法兰密封面、直径≥250mm的接管法兰密封面进行渗透检测； 3.2 密封面表面光洁无机械损伤、径向刻痕、严重锈蚀缺陷，法兰孔及法兰清锈吹扫干净； 3.3 金属环垫的法兰连接前，法兰环槽密封面与金属环垫应做接触线检查，当八角垫在密封面上转动45°后，检查接触线不得有间断现象，否则应进行研磨修理； 3.4 螺栓紧固采用定力矩管理
安全附件	安全附件检验	检验安全阀是否在校验有效期内
仪表	1.热电偶	1.检查热电偶套管有无破损、与器壁焊接部位有无裂纹、热电偶法兰密封性是否完好、元件有无失效
	2.角钢	2.检查角钢与热电偶套管、器壁连接部位有无脱落、裂纹
内部附件	1.入口分布器	1.检查入口分布器有无破损、变形等失效情况
	2.栅板	2.检查栅板有无破损、变形等失效情况
	3.不锈钢金属丝网	3.检查金属丝网有无破损、变形等失效情况
	4.出口收集器	4.出口收集器所有焊缝不得开裂，丝网无损，捆扎坚固，并清扫干净

续表

设备部位	检查内容	检查方法及标准
卸料口	卸料管	卸料管法兰紧固可靠
支承	1.裙座及基础	1.裙座无变形、裂纹，基础板无腐蚀，无裂纹破损，下沉，歪斜，地脚螺丝无松动
	2.防火涂料	2.防火涂料完好，无剥落及劣化

2.1.4 处理措施及更换周期

（1）压力容器检验策略和检验方案，应当在满足TSG 21—2016《固定式压力容器安全技术监察规程》第8章要求情况下不断优化，提高检验有效性和经济性，保障设备安全性。定期检验项目应符合TSG 21要求，并视情况与检验员协商确定。

（2）制氢装置反应器法兰纳入关键法兰管理，拆装进行全过程监管，包括垫片、紧固件的选用、密封面的检查、力矩值的计算、紧固工具的确认、紧固过程的监管和力矩值的复核等环节，应按照“中国石化钢制法兰密封完整性管理要求”执行。

螺栓无损检测，M50（包括M50）以上应进行超声抽测，M36（包括M36）以下进行着色抽测，均按JB 4730的Ⅰ级为合格，运行周期达到2个及以上应按照不低于20%的比例抽查。螺栓应逐个清洗，运行温度在120℃以下建议使用普通的二硫化钼润滑脂；120~220℃建议使用加入多种极压添加剂精制而成的二硫化钼润滑脂的高性能产品；220℃以上建议使用高温抗咬合剂，设计和工艺另有要求的场合除外。

（3）入口分布器、栅板、出口收集器及不锈钢金属丝网破损和变形的，应采用补焊修复或整体更换。

2.2 转化炉

2.2.1 转化炉结构简图

烃类水蒸气制氢技术的转化炉设计各有特点，核心技术在于出口管系的结构和热补偿方式。类似于“伍德”转化炉的结构，采用顶烧设计，底部出口炉管、引导管与冷壁集合管直连，见图2-2和图2-3。

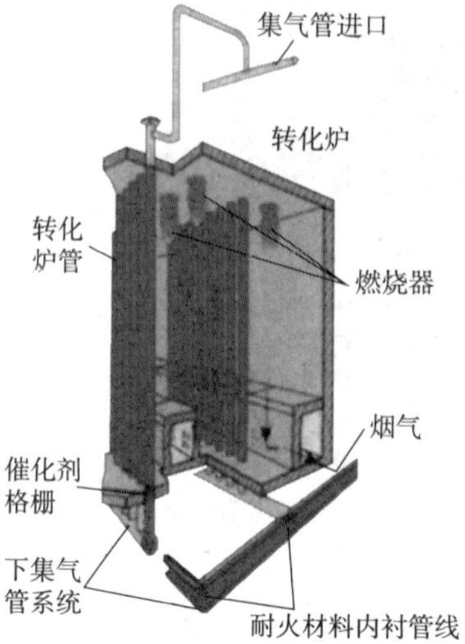

图 2-2 转化炉结构简图

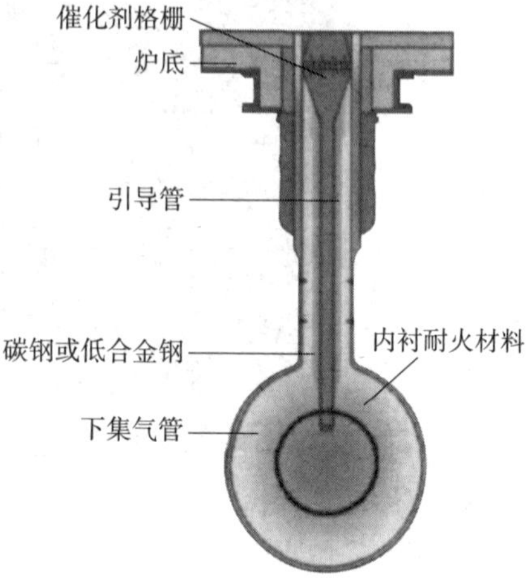

图 2-3 转化炉管与冷壁下集合管连接结构

类似于“鲁奇”转化炉的结构，采用顶烧设计，底部小管径柔性直管与冷壁集气管直连，见图2-4和图2-5。

采用冷热结合出口管系的结构，炉管不含出口猪尾管，冷、热壁集合管相连布置，见图2-6。

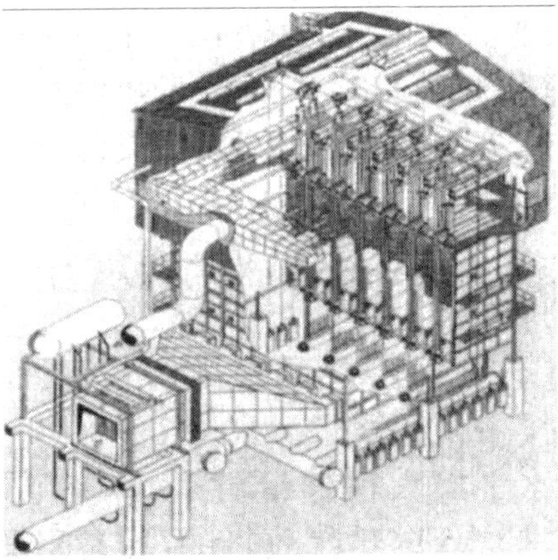

图 2-4　转化炉结构简图

图 2-5　小管径柔性直管与冷壁集气管连接结构

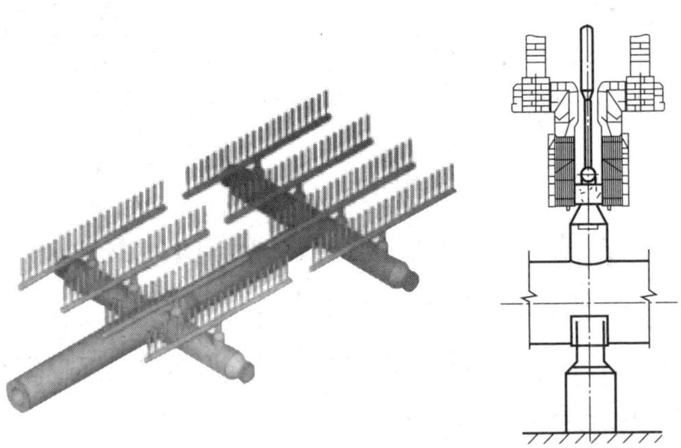

图 2-6　冷热结合出口管系简图

2.2.2 结构特点及失效机理

类似于“伍德”转化炉型式，炉管采用下支承向上膨胀的结构形式，其重量靠设置的弹簧悬吊，以减少热态下管系的应力。转化炉管通过上尾管与转化管连接，上尾管用于补偿上集气管与转化管之间不同方向的位移。上集气管和上尾管由于工作温度较低（450~540℃），多采用铬钼钢，转化炉炉管下部直接坐落在下集气支管上。

转化炉管与下集合管连接，如图2-3所示，高温转化气引导管与承压外壳管之间的环形空间用环形绝热材料填充，以保护外壳管不受高温影响，转化炉炉管出转化炉炉底后壁温急剧下降，从大约900℃降至250℃以下，称为冷壁出口，因此转化炉炉管末端与集气管壳体选用低合金钢材料制造，以15CrMo或P11为主。冷壁集合管有以下特点：①该结构的优点是取消了下尾管，下集气总管材质由高温合金变为一般合金材料，从而节省了高合金钢；②能解决热壁集合管膨胀而造成下尾管设计、安装的困难；③炉底省去了尺寸庞大的保温箱，从而使转化炉炉底结构紧凑、整齐，便于检查维护；④减少了管系的压降，节省了操作费用。

制氢转化炉管辐射段温度较高，多采用HP40Nb高合金离心铸造管材料，炉管服役条件恶劣，承受高温（900~1200℃）、高压（2.5~5MPa）及夹带颗粒的腐蚀性气体的冲蚀，容易发生高温蠕变、热疲劳、氧化、渗碳、腐蚀等现象，造成炉管性能劣化甚至失效。类似“伍德”冷壁管系的设计不可避免地造成了转化炉管高合金管段与低合金管段存在异种钢焊接，焊缝部位多容易发生开裂。当转化气出口温度大于870℃时，采用下猪尾管将转化管与集合管进行连接的方式非常容易出现局部尾管开裂问题，由于高温运行状态下容易析出碳化物，大量的碳化物析出相诱发晶间腐蚀，同时产生蠕变甚至开裂。冷壁管系在有CO、H_2等存在的还原性气氛中，如果衬里损坏造成管壁温度在482~816℃时，容易产生金属粉尘化腐蚀。

2.2.3 隐蔽项目检查方法

加热炉隐蔽项目检查方法见表2-2。

表2-2 加热炉隐蔽项目检查方法

设备部位	检查内容	检查方法及标准
外部	防腐保温检查	检查烟风道和附属出入口管线保温、油漆等腐蚀、损坏情况
炉管	1.炉管外观检查，顶、底部炉管保温层检查	1.1 炉管外观检查无弯曲变形、鼓包、裂纹、腐蚀、冲蚀等； 1.2 顶、底部炉管穿墙部位密封良好，保温良好
	2.炉管检测（异种钢焊缝需重点关注）	2.1 抽取10%以上炉管进行测厚检查，每根炉管3处，每处3点； 2.2 蠕变检查：根据外观检查，每根炉管进行蠕胀测量，重点检查火焰舔管、弯曲变形部位，外径增大超过5%需进行更换； 2.3 运行6年以下进行40%左右的炉管爬壁超声检测，运行6~10年进行60%左右的炉管爬壁超声检测，运行10年以上进行100%炉管爬壁超声检测，发现异常应扩大检测比例。对运行中出现超温、红斑部位进行金相抽检； 2.4 表面检测（渗透检测、磁粉检测）：炉管支吊架贴焊部位需100%表面检测合格；

续表

设备部位	检查内容	检查方法及标准
炉管	2.炉管检测（异种钢焊缝需重点关注）	2.5 对于冷壁炉管异种钢部位、炉管底部异种钢焊缝部位宜采用相控阵检测或超声检测。推荐对于缺陷长度大于100mm或深度超过2mm的焊口进行返修，其余存在缺陷的焊缝监控运行； 2.6 对于服役时间超过8年（两个检修周期以上）的炉管进行全面检测，根据超声、金相、射线、蠕胀等检测结果进行剩余寿命评价，建议取1~2根进行破坏性检查和寿命预测
	3.集合管检查	3.1 对集合管进行宏观检验以及尺寸抽查，并进行金相、硬度抽检； 3.2 集合管内部衬里良好
	4.猪尾管检查	4.1 支尾管为猪尾管结构的，上、下猪尾管和加强管嘴及其焊缝PT 100%检测合格； 4.2 上猪尾管分别按照10%焊缝检测，不少于4处部位进行金相、硬度抽查和渗碳层检测； 4.3 对运行4年以下的热壁下尾管、支管台宜抽取10%~20%进行渗碳检测，运行4年以上的适当提高检测比例。若出现渗碳现象，抽取典型部位割管进行低倍酸蚀确定渗碳层厚度，若渗碳层厚度大于壁厚50%，更换相应尾管及支管台，进一步提高检测比例
	5.炉管支吊架检查	5.1 变力弹簧支吊架检查要点：①支吊架锁定装置是否拆除；②支吊架锈蚀是否严重；③支吊架是否超载：根部辅梁是否变形；管部是否变形；弹簧支吊架内弹簧是否压并；④支吊架是否脱载：吊杆是否松弛不受力；支架弹簧是否松弛到最大状态，且荷重柱不受力；⑤吊杆倾角是否超过4°；⑥并联弹簧支吊架是否偏载或单边失载；⑦锁紧螺母是否锁紧；

续表

设备部位	检查内容	检查方法及标准
炉管	5.炉管支吊架检查	5.2 恒力弹簧支吊架检查要点：①支吊架锁定装置是否拆除；②支吊架锈蚀是否严重；③支吊架是否超载：根部辅梁是否变形，焊缝是否开裂；管部是否变形；恒力支吊架受力件是否变形，载荷指示器是否到头；④支吊架是否失载：吊杆是否松弛不受力；恒力支吊架载荷指示器是否回到顶；⑤吊架倾角是否超过4°；⑥并联恒力支吊架是否偏载或单边失载；⑦恒力支吊架转动部件是否卡阻；⑧锁紧螺母是否锁紧
衬里	1.炉外壁（停工前测温数据作为衬里检修的依据）	1.热成像及测温仪检查，炉外壁温度换算至零风速、环境温度27℃的情况下辐射段、对流段和热烟风管道外表面温度≤80℃，辐射段底部表面温度≤90℃，否则应进行修复
	2.衬里检查	2.1 对于浇注料衬里，衬里表面应平整、无裂缝，发现有松动、开裂、粉化、鼓包等现象时，应按照SH/T 3115的规定进行修复； 2.2 对于陶瓷纤维衬里，衬里表面应平整、紧实、严密，发现有损坏、拉裂、粉化和明显缝隙等现象时，应按照SH/T 3128的规定进行修复； 2.3 检查辐射室侧墙拉砖、炉底耐火砖有无开裂、破损、松动、脱落等现象； 2.4 在加热炉停工前发现壁板超温，同样按照标准规定的修复方法进行检修。对于运行10年及以上的衬里部位，截取局部部位进行抽查，对锚固钉、端板、钢丝网、炉内壁壁板进行检查，无氧化、变形、腐蚀情况
	3.衬里损坏部位内部检查	3.衬里损坏部位，对锚固钉、端板、钢丝网、炉内壁壁板进行检查，无氧化、变形、腐蚀情况

续表

设备部位	检查内容	检查方法及标准
燃烧器 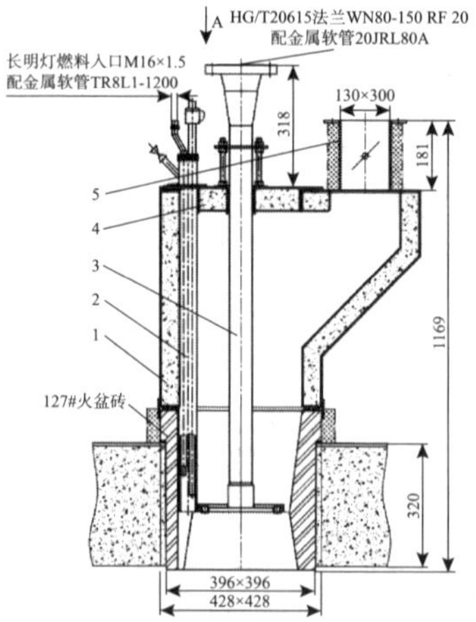	1.检查顶部燃烧器和隧道火嘴状况	1.主火嘴、长明灯无结焦、堵塞和烧损
	2.检查筒体	2.筒体无变形
	3.检查调风门	3.调风门开关顺畅，无卡死
	4.检查火盆砖和衬里	4.火盆砖无破损，衬里无开裂、鼓包和脱落
	5.检查金属软管	5.金属软管无穿孔、泄漏现象
空气预热器	1.检查空气预热器热管（热管式），停工前炉空气预热器是否漏风、换热效率是否下降作为检修的判断依据之一	1.热管内换热介质充足，换热管无腐蚀穿孔；换热管表面无积灰；换热管与管板密封面完好
	2.检查空气预热器板束（板式），停工前炉空气预热器是否漏风、换热效率是否下降作为检修的判断依据之一	2.目测板束密封垫良好，板束有无开裂或腐蚀穿孔，表面无积灰
吹灰器	1.检查吹灰器各部件	1.吹灰器各部件固定结实可靠
	2.检查各端子与电线、电缆连接	2.各端子与电线、电缆连接可靠、无脱落
	3.检查各种插头	3.各种插头接驳完好
	4.检查各种电线、电缆的外层绝缘胶皮	4.各种电线、电缆的外层绝缘胶皮完好，无焦煳、破损等现象
	5.检查各电气元件	5.各电气元件无焦煳、直观破损等现象

续表

设备部位	检查内容	检查方法及标准
烟道挡板	1.检查烟道挡板	1.1 辐射室、对流室、烟囱、空气预热器等部位的挡板无腐蚀、变形、开裂、卡涩等情况；调节挡板进行0、25%、50%、75%、100%挡位调节，现场对挡板蝶阀打开关闭情况进行确认；密封挡板进行全开全关调节，检查动作执行时间； 1.2 单轴或多轴挡板每个轴承都要检查，上油，试验开关（灵活不范卡）； 1.3 必要时拆下检查修理挡板
炉用仪表	1.检查炉用仪表：氧化锆、热电偶、负压表、环保监测仪表等	1.1 炉用仪表及仪表套管无损坏； 1.2 炉用氧化锆、热电偶、负压表、环保监测仪表检查、清扫、标定
人孔门、看火孔和防爆门	检查漏风及开关情况	检查无明显漏风、变形、卡涩现象，门类与内衬连接处密封良好
原料气进对流段管线	1.分支管检测	1.1 宏观检验检查管线开裂、泄漏及变形情况； 1.2 全面测厚检查，至少选三处，位置为弯头及两侧直管段，每处应有3个测厚点；具备高处检测条件的，抽取至少30%的管；不具备高处检测条件的，至少抽取2~3根进行厚度检测。对材质有怀疑的，进行光谱检测或化学成分分析； 1.3 宜抽3%~5%的焊缝且不少于5道焊缝进行无损检测，同时抽1~2个部位进行金相检测。在常规检查发现异常时，应增加必要的检测项目
锅筒、省煤段、蒸发段、过热段及水保护段	进行锅炉系统内外部检验	按照TSG 11《锅炉安全技术规程》最新要求执行
	检查有无积灰	考虑用干冰或化学清洗方法进行积灰清理

2.2.4 处理措施及更换周期

2.2.4.1 炉管

射线、超声检测等发现的焊缝超标缺陷，根据检测结果，进行返修并检测合格。通过爬管超声检测进行单程双侧机械自动超声波扫查，根据结果进行判级。对于运行中出现超温或红斑部位进行金相抽检。对于服役时间超过8年（两个检修周期以上）的炉管进行全面检测，根据超声、金相、射线、蠕胀等检测结果进行剩余寿命评价。

出现下列情况应考虑更换：

（1）鼓包、裂纹；

（2）炉管由于严重腐蚀、爆皮，管壁厚度小于计算允许值，计算标准参照SH/T 3037；

（3）外径比原来外径增大5%；

（4）金相组织有晶界氧化、严重球化、脱碳及晶界裂纹等缺陷。

注：新、旧炉管之间焊接，应制定专项技术方案并会签。

对流室翅片管或钉头管表面积灰、积垢，根据检查情况进行清扫或化学清洗：清除灰垢后，外观检查炉管表面，应基本无积灰、结垢现象。猪尾管、炉管支吊架为重点检查内容，检查无变形、卡涩及失效情况。冷、热态做好标识，确认吊架指示正确，发现问题及时处理，并制定专项检修保养内容。

2.2.4.2 炉衬

对于炉体外壁温度经红外监测分析，在环境温度、无风条件下超过80℃（炉底大于90℃）的应安排炉衬修补。停炉后宏观检查各部位炉衬情况，若有开裂、脱落、粉化等情况进行修补或更换，对于运行10年及以上的衬里部位，截取局部部位进行抽查，对锚固钉、端板、钢丝网、炉内壁壁板进行检查，无氧化、变形、腐蚀情况。衬里损坏部位，对锚固钉、端板、钢丝网、炉内壁壁板进行检查，无氧化、变形、腐蚀情况。耐火砖、衬里损坏部分按SH 3534《石油化工筑炉工程施工质量验收规范》进行更换或修补，弯头箱门填充耐火陶瓷纤维毡，防爆门衬里加固陶瓷纤维毯。看火门和防爆门安装位置的偏差应小于8mm，且各自与门盖均应接触严密、转动灵活。

2.2.4.3 燃烧器

燃烧器喷头清理，出现孔径变化、变形等缺陷，进行更换。阀门内漏或开关不灵进行更换或维修。火盆砖视损坏情况，进行修补或更换。

2.2.4.4 烟、风道及余热回收系统

烟风道挡板及其执行机构若出现卡涩、抱轴、阀板松动或变形严重、定位不准的应进行检修、更换；挡板轴两端轴套中心轴线的同轴度误差应不大于ϕ0.5mm；挡板轴之间的平行度误差应不大于0.8mm，各挡板轴的位置应在同一高度上，其相互之间的高度误差应不大于0.8mm；挡板应作整体调试，开关应灵活，开关位置应与指示器、DCS显示相一致。清理烟道内杂物。

余热回收系统管束建议每两个周期进行工质更换；表面积灰、积垢根据检查情况进行清扫或化学清洗。

人孔门、防爆门、快开风门及炉管进、出口以及烟风道等处的密封有问题予以换垫、紧固等处理。

2.3 转化气余热锅炉

2.3.1 结构简图

转化气余热锅炉结构简图见图2-7。

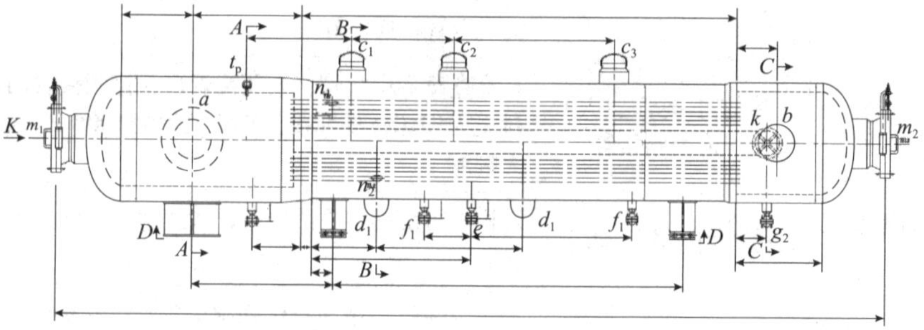

图 2-7 转化气余热锅炉结构简图

2.3.2 结构特点及失效机理

高温转化气（出口温度780~860℃）与转化气余热锅炉（B-502）换热产生中压蒸汽后，温度降至340~360℃，进入中温变换部分。壳体一般选用15CrMoR材质，衬里为隔热耐磨双层结构，内部设有保护衬套，材质Incoloy800H。每根换热管入口设有保护衬管，材质Incoloy800H。由于局部衬里尤其是接管部位受施工质量、气体冲蚀等影响，转化气余热锅炉在高温段部位容易发生超温，在含有CO、H_2等的还原性气氛中，管壁温度在482℃以上时，容易产生金属粉尘化腐蚀。低温段外壁低于露点温度，容易发生碳酸露点腐蚀。

2.3.3 隐蔽项目检查方法

转化气余热锅炉隐蔽项目检查方法见表2–3。

表 2–3 转化气余热锅炉隐蔽项目检查方法

设备部位	检查内容	检查方法及标准
壳体	1.外观检查	1.壳体外部检查无变形、开裂、锈蚀
	2.焊缝检查	2.焊缝完整无开裂，压力容器定期检验中检验评定达到3级以上。建议大修时根据检查情况对焊缝进行着色抽检
	3.引压点检查	3.引压管畅通完好
附件	1.检查小接管、人孔接管、温控阀接管	1.检查设备小接管、人孔接管、温控阀接管内部衬里无损坏，外部接管与法兰焊缝100%PT检测无裂纹
	2.检查相连管线阀门	2.相连管线阀门灵活好用，法兰螺栓、垫片齐全且紧固
	3.人孔法兰	3.法兰参照“中国石化钢制法兰密封完整性管理指导意见”关键法兰要求执行
内件	1.检查内部污垢情况和堵塞情况	1.内部污垢、掉落衬里、催化剂粉尘等应清理干净
	2.检查出入口	2.出入口无堵塞
	3.检查管束	3.入口保护衬管无变形、脱落，管板与换热管焊缝无开裂，换热管内部清理干净，选取5%比例换热管进行内窥镜检查、涡流检测或旋转超声检测
	4.检查中心管	4.中心管无堵塞，清理干净
	5.温控阀检查	5.温控阀灵活开关，无卡涩，阀位校对保证可以全开和全关，且位置准确无误
衬里	1.内部套筒衬里检查	1.高、低温段、换热管板处衬里全面检查，无裂纹、破损。衬里保护衬板有无变形、破损
	2.人孔部位衬里检查	2.1 人孔与壳体部位衬里重点检查，无裂纹、破损及变形； 2.2 人孔砖完好无裂纹、破损

2.3.4 处理措施及更换周期

（1）外部接管与法兰焊缝100%PT检测无裂纹，壳体、焊缝如有缺陷应挖补修复，无损检测合格。

（2）设备内部人工检查清理干净。

（3）设备法兰参照“中国石化钢制法兰密封完整性管理指导意见”关键法兰要求执行。

（4）入口保护衬管无变形、脱落，管板与换热管焊缝无开裂，换热管内部应进行机械清扫或者干冰清洗，选取5%比例换热管进行内窥镜检查、涡流检测或旋转超声检测。

（5）温控阀灵活开关，无卡涩，阀位校对保证可以全开和全关，且与底座位置准确无误。

（6）高、低温段、换热管板处衬里全面检查，无裂纹、破损。衬里保护衬板有无变形，破损。人孔与壳体部位衬里重点检查，无裂纹、破损及变形。由于日常运行中人孔周围容易出现局部超温现象，主要原因是由于人孔预制砖封堵不严或气相旋流引起衬里损坏或人孔壳体变形密封不严导致，人孔砖安装应制定专项施工方案，可以采用方案①封堵方案，把3mm三合板裁剪成圆形（大于人孔直径10mm）放进内部，用14~16#钢丝从三合板中间穿孔固定住，三合板封住内部人孔。现场分别人工涂抹高纯浇注料和隔热浇注料，隔热浇注料和人孔盖间隙填塞多层陶瓷纤维毯。方案②先安装耐火预制块，间隙填塞陶瓷纤维毯或纤维绳并涂抹高温耐火泥，在耐火预制块外侧铺设一层25mm厚陶瓷纤维毯，然后安装隔热预制块，隔热预制块和人孔盖间隙填塞多层陶瓷纤维毯。

2.4 中变气分液罐

2.4.1 结构简图

中变气分液罐结构简图见图2-8。

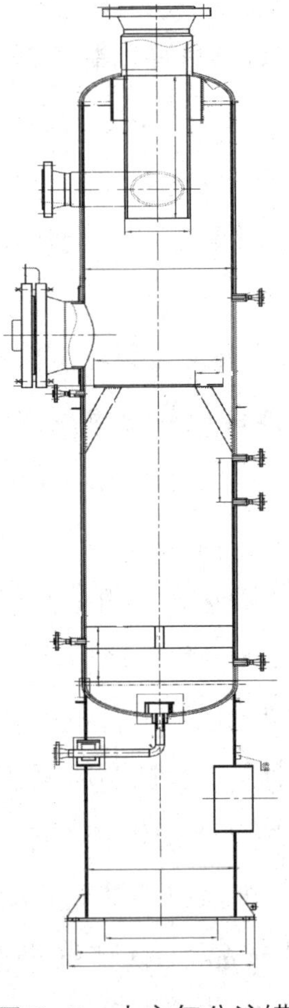

图2-8 中变气分液罐结构简图

2.4.2 结构特点及失效机理

中变气分液罐一般分为第一、第二、第三级间分液罐，壳体材质为300系列不锈钢复合板。转化气中含的水蒸气在温度不断下降过程中冷凝，吸收了转化气中CO_2生成碳酸腐蚀环境。腐蚀多发生于气液相界面和液相系统内，以及可能产生冷凝液的气相系统冷凝液部位；腐蚀区域壁厚局部减薄，可能形成蚀坑或蚀孔；介质流动冲刷或冲击作用的部位可能形成腐蚀沟槽，典型腐蚀部位为焊缝根部。采用300系列不锈钢能有限解决碳酸腐蚀问题，但应重点关注不锈钢复合板堆焊层，必要时进行PT检查。

2.4.3 隐蔽项目检查方法

中变气分液罐隐蔽项目检查方法见表2-4。

表 2-4　中变气分液罐隐蔽项目检查方法

设备部位	检查内容	检查方法及标准
罐体	1.外观检查	1.壳体检查无变形，是否存在鼓包、开裂、松动
	2.焊缝检查	2.焊缝完整无开裂，压力容器定期检验中对人孔接管、引压接管等部位的不锈钢复合板堆焊层进行PT检查，检验评定达到3级以上
	3.引压点检查	3.引压管畅通完好
	4.罐内各支承焊接部位开裂、错位、磨损情况	4.罐内各支承部件不允开裂、错位、磨损
	5.复合层检查	5.罐体不锈钢复合层外观检查无开裂、破损、鼓包
附件	1.人孔、液位计接管检查	1.检查人孔、液位计接管位置不锈钢复合层无裂纹，信号孔无泄漏
	2.梯子、平台、栏杆检查	2.梯子、平台、栏杆完整、牢固，保温、油漆完整美观
	3.安全阀和各种指示仪表检查	3.安全阀和各种指示仪表应有校验记录；压力表、温度计、液位计表面应用红线标出上、下限，附属阀门灵活好用
	4.与罐相连管线阀门检查	4.与罐相连管线阀门灵活好用，法兰螺栓、垫片齐全且紧固，管线焊缝（特别是转油线入塔壁的焊缝）着色检查无明显缺陷
罐内件	1.罐内污垢情况和堵塞情况检查	1.罐内污垢应清理干净
	2.罐内各构件表面、各出入口检查	2.罐内各构件表面清洁无杂物，各出入口无堵塞
	3.罐内上方升气筒检查	3.外观检查升气筒无变形，焊缝完好无开焊
	4.罐内降液板检查	4.检查罐内降液板无变形，厚度无明显减薄，无腐蚀和松动，固定螺栓部位点焊良好
	5.防涡板检查	5.防涡板应无明显腐蚀和变形

2.4.4 处理措施及更换周期

（1）罐内吹扫或人工清理干净；

（2）罐体变形或鼓包应修复，压力容器定期检验中对人孔接管、引压接管等部位的不锈钢复合板堆焊层进行PT检查，检验评定达到3级以上，焊缝缺陷打磨清理干净修复；

（3）罐顶升气筒检查，出现变形进行检修更换；

（4）降液板及固定螺栓检查，严格按照图纸制造要求进行施工；

（5）防涡板变形、腐蚀严重时进行更换。

2.5 换热器

制氢装置常用换热器为管壳式换热器，如固定管板式、浮头式、U形管式等，也有部分特殊结构的换热器，如Ω环换热器。

2.5.1 普通换热器

2.5.1.1 结构简图及特点

1.固定管板式换热器

固定管板式换热器的结构如图2–9所示。它由壳体、管束、封头、管板、折流挡板、接管等部件组成。其结构特点是，两块管板分别焊于壳体的两端，管束两端固定在管板上。

固定管板式换热器的优点是结构简单、紧凑，在相同的壳体直径内，排管数最多，旁路最少；每根换热管都可以进行更换，且管内清洗方便。其缺点是壳程不能进行机械清洗；当换热管与壳体的温差较大（大于50℃）时产生温差应力，需在壳体上设置膨胀节，因而壳程压力受膨胀节强度的限制不能太高。固定管板式换热器适用于壳程流体清洁且不易结垢，两流体温差不大或温差较大但壳程压力不高的场合。

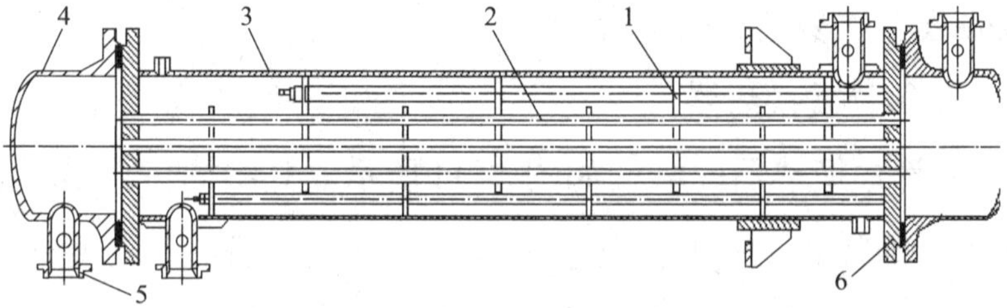

图 2-9　固定管板式换热器结构图

1—折流挡板；2—管束；3—壳体；4—封头；5—接管；6—管板

2. 浮头式换热器

浮头式换热器的结构如图2-10所示。其结构特点是两端管板之一不与壳体固定连接，可在壳体内沿轴向自由伸缩，该端称为浮头。浮头式换热器的优点是当换热管与壳体有温差存在，壳体

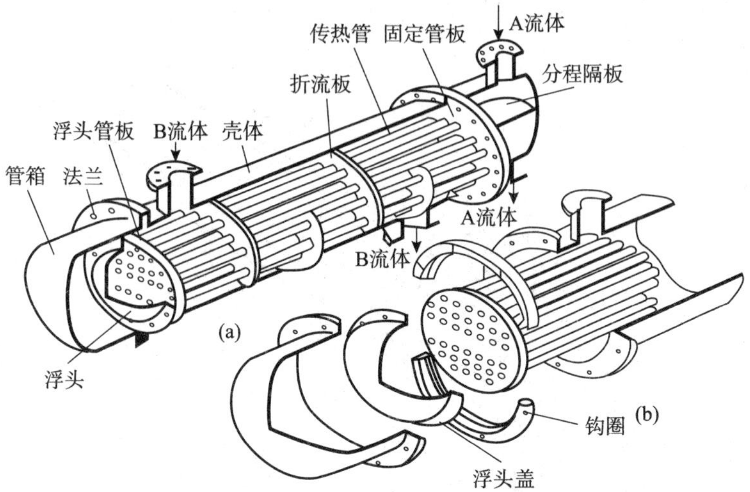

图 2-10　浮头式换热器结构图

或换热管膨胀时，互不约束，不会产生温差应力；管束可从壳体内抽出，便于管内和管间的清洗。其缺点是结构较复杂，用材量大，造价高；浮头盖与浮动管板之间若密封不严，会发生内漏，造成两种介质的混合。浮头式换热器适用于壳体和管束壁温差较大或壳程介质易结垢的场合。

3. U形管式换热器

U形管式换热器的结构如图2-11所示。其结构特点是只有一个管板，换热管为U形，管子两端固定在同一管板上。管束可以自由伸缩，当壳体与U形换热管有温差时，不会产生温差应力。U形管式换热器的优点是结构简单，只有一个管板，密封面少，运行可靠，造价低；管束可以抽出，管间清洗方便。其缺点是管内清洗比较困难；由于管子需要有一定的弯曲半径，故管板的利用率较低；管束最内层管间距大，壳程易短路；内层管子坏了不能更换，因而报废率较高。U形管式换热器适用于管、壳壁温差较大或壳程介质易结垢，而管程介质清洁不易结垢以及高温、高

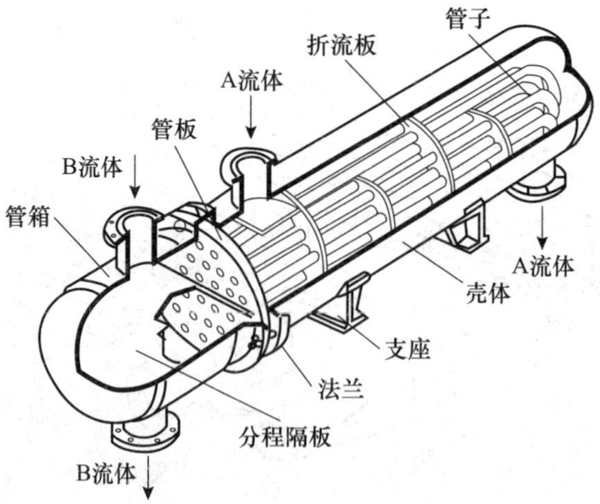

图 2-11　U 形管式换热器结构图

压、腐蚀性强的场合。一般高温、高压、腐蚀性强的介质走管内，可使高压空间减小，密封易解决，并可节约材料和减少热损失。

2.5.1.2 失效形式

造成换热设备劣化和失效的主要形式和原因有腐蚀、机械及热应力损伤。

（1）腐蚀。换热设备管束受到的腐蚀取决于管束内外侧介质的化学组分、浓度、压力、流速，以及管束本身的材质性能。腐蚀主要有以下表现形式：

①介质引起的均匀腐蚀；

②应力腐蚀开裂，如奥氏体不锈钢管的应力腐蚀开裂；

③冷却水引起的各种腐蚀，如磨蚀与冲蚀，结垢引起的坑蚀。还有一些其他形式的腐蚀，如管子与管板间的缝隙腐蚀，管板与管束材质不一引起的电偶腐蚀等。

（2）机械及热应力损伤。换热设备会在使用中受到各种不同类型的机械损伤，主要有以下几种情况：

①管子与管板胀接处发生松动；

②管子与管板大的温差引起的焊缝开裂、胀接松脱；

③化学清洗及机械清理引起的损伤；

④振动产生的疲劳损伤。

2.5.1.3 隐蔽项目检查方法

管壳式换热器隐蔽项目检查方法见表2–5。

表 2–5　管壳式换热器隐蔽项目检查方法

设备部位	检查项目	检查方法及标准
壳体	1.外观检查	1.1 目视检查筒体、封头、管箱、接管、附属仪表外部，无变形、泄漏、腐蚀、开裂等；目视或用锤击检查接管及角焊缝，无腐蚀脱落、无裂纹，坚实牢固； 1.2 目视检查筒体内表面，无严重腐蚀的凹坑、凹槽（能满足强度要求）；检查内部焊缝，无腐蚀开裂；各管口畅通无堵塞； 1.3 目视检查管箱隔板腐蚀减薄情况，从腐蚀速率判断剩余厚度是否满足下一周期使用要求； 1.4 用铁丝等物插入引压管，畅通完好
	2.测厚检查	2.1 重点检查两端封头、物料进、出口、流量转向、界面突变处、接管部位； 2.2 宏观检查发现减薄部分； 2.3 测厚点数根据设备尺寸、以往检验数据确定
	3.无损检测	3.1 从外表面对主焊缝进行检验，首先对主焊缝进行磁粉或超声探伤（比例按压力容器检验规程）； 3.2 渗透检查裂纹情况，重点检查位置如下： （1）管口角焊缝； （2）返修部位； （3）其他部位进行抽检检测
	4.器内各支承焊接部位开裂、错位、磨损情况	4.器内各支承部件不允许开裂、错位、磨损，限位卡件固定螺母需双螺母锁紧或点焊
	5.压力表、仪表等辅助安全设备检查	5.相关压力表、仪表拆检校验合格
	6.裙座及基础检查	6.裙座无变形、裂纹，基础板无腐蚀；基础有无裂纹破损、下沉、歪斜；地脚螺栓有无松动
管束	1.管束堵塞及结垢情况	1.目测、高压水通水检查、通钢管检查，应无堵塞及结垢
	2.密封面	2.目测有无影响密封的缺陷，如凸起、凹坑、划痕，密封面应无径向划痕或损伤

续表

设备部位	检查项目	检查方法及标准
管束	3.管束防腐	3.对于涂料防腐的管束，目测及测量检查脱落情况，判断是否可以使用一个周期。结合实际情况，可邀请专业厂家进行涂层检查，并进行修复
	4.管子	4.1 通过目测、内窥镜、涡流测厚等无损检测方法，检查管子腐蚀、变形等损坏情况。按照管束关注等级进行管束预防性工作； 4.2 中变气与除氧水换热器，重点关注管板与换热管焊接处腐蚀开裂情况，按照预防性策略指导意见关键管束检测比例执行
	5.管板及其他管束构件	5.目测及测量检查管板、折流板、防冲挡板等腐蚀及损坏情况
小浮头及螺栓	1.本体及密封面	1.目测及测量检查浮头盖完好情况，目测密封面有无影响密封的缺陷，如凸起、凹坑、划痕，密封面应无径向划痕或损伤
	2.牺牲阳极块	2.检查水冷器牺牲阳极块腐蚀情况是否严重，根据腐蚀速率估算是否可使用一个周期
	3.螺栓	3.目测、测量检查螺栓的腐蚀、螺纹损坏情况
管箱	1.本体及密封面	1.目测及测量检查浮头盖完好情况，目测密封面有无影响密封的缺陷，如凸起、凹坑、划痕，密封面应无径向划痕或损伤。300系列不锈钢复合板管箱部位进行100%PT检查
	2.牺牲阳极块	2.检查水冷器牺牲阳极块腐蚀情况是否严重，根据腐蚀速率估算是否可使用一个周期
外头盖	本体及密封面	目测及测量检查外头盖完好情况，目测密封面有无影响密封的缺陷，如凸起、凹坑、划痕，密封面应无径向划痕或损伤

2.5.1.4 处理措施及更换周期

采用高压水清洗，特殊情况下配合采用机械疏通或化学清洗。

（1）换热管堵塞。采用高压水清洗，特殊情况下配合采用机械疏通或化学清洗。

（2）换热器管腐蚀泄漏。管子有破裂或腐蚀穿漏，可用堵头将此管堵住，必要时加焊。同一管程内，堵死管子一般不应超过管子总数的10%，如工艺允许，可以适当增加，否则应更换管束、材质升级及采取其他防腐措施。如管束管子与管板处有渗漏，可进行补胀或焊接，如采用补胀，补胀数最多不超过3次，否则需换管子。将各缺陷处理后，重新升压，直到合格为止。

（3）换热器防腐层检查。根据管束使用周期，综合确定重新防腐或进行材质升级方案。

（4）浮头螺栓更换。按5%~10%的比例备料更换，视情况增、减更换比例。

（5）水冷器涂层及牺牲阳极块。管束及管板涂层失效或脱落较多时需要重新防腐；出现过泄漏的水冷器需重新做冷涂处理。根据使用周期，如估算无法使用至周期末应更换新牺牲阳极块。

（6）压力容器检验缺陷修复。壳体及焊缝修补等压力容器缺陷修复按SHS 01004《压力容器维护检修规程》、TSG 21《固定式压力容器安全技术监察规程》的要求执行。

注：300系列不锈钢复合板管箱部位进行100%PT检查。

（7）按照使用年限、腐蚀状况、结垢状况确定管束健康等级，按照对装置工艺影响程度、停车损失、产品质量影响等综合考虑确定管束关键度等级，按照“中国石化静设备预防性维修策略”要求执行。

2.5.2 Ω 环换热器

2.5.2.1 结构简图

Ω 环换热器结构简图见图 2-12。

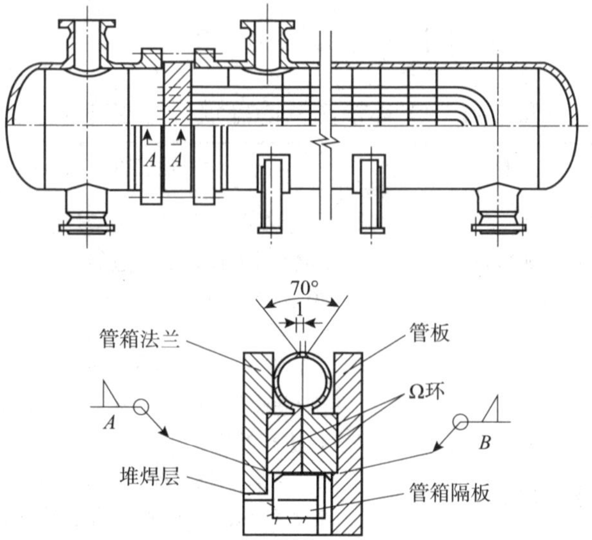

图 2-12 Ω 环换热器结构简图

2.5.2.2 结构特点及失效机理

Ω 环换热器主要应用在制氢装置中变气与除氧水换热器，其管板与管箱法兰、壳体法兰的密封采用 Ω 环密封结构，利用回转壳受压性能好的机理，设计制作 Ω 环密封元件；密封环与法兰、管板以角焊缝的形式连接，介质和环境完全隔绝，有效地解决了其他类型垫片可能出现的密封面失效问题，属于无垫片密封。Ω 环密封结构设备主螺栓具有较小的预紧和操作载荷，减小了设备法兰与主螺栓的尺寸和重量。

Ω环换热器主要腐蚀机理为壳体及内构件的高温H_2+CO_2腐蚀，壳体及内构件的氢腐蚀、氢脆、回火脆化、堆焊层剥离及连多硫酸开裂等，同时需重点关注管板与换热管焊接处腐蚀开裂情况。

2.5.2.3 隐蔽项目检查方法

Ω环换热器隐蔽项目检查方法见表2-6。

表2-6 Ω环换热器隐蔽项目检查方法

设备部位	检查内容	检查方法及标准
壳体	1.宏观检查	1.检查壳体本体、对接焊缝、接管角焊缝等部位是否有裂纹、过热、变形、泄漏，检查焊缝表面（包括近缝区）
	2.无损检测	2.1 检查是否存在氢剥离裂纹现象，重点检查部位如下：进出口管、凸台堆焊层，其他部位进行抽检； 2.2 主焊缝磁粉探伤，不低于20%； 2.3 磁粉或渗透检查裂纹情况，具体检查位置：①凸台、管口焊缝、主焊缝、支座焊缝、堆焊层；②返修部位；③铁素体含量较高部位；④其他部位（进行抽检检测）
	3.引压点检查	3.引压管畅通完好
	4.基础检查	4.基础板无腐蚀：基础有无裂纹破损、下沉、歪斜，地脚螺栓有无松动
管束	1.结焦、结垢、结盐情况检查	1.换热器使用高压水枪清洗，清洗后表面无污垢、无油脂，内部干净、干燥无积水
	2.外观检查	2.管子表面无裂纹、折叠等缺陷
	3.管板焊口腐蚀检查	3.管板管口焊缝无减薄及腐蚀现象，全面着色合格

续表

设备部位	检查内容	检查方法及标准
管束	4.管子	4.通过目测、内窥镜、涡流测厚等无损检测方法，检查管子腐蚀、变形等损坏情况。按照管束关注等级进行管束预防性工作
	5.密封面检查	5.密封面着色检查合格，无裂纹，光洁，无机械损伤、径向刻痕、严重锈蚀等缺陷
Ω环	1.表面检查	1.Ω环的内、外表面进行仔细检查，以便及时发现有害缺陷，对存在缺陷的Ω环应进行修复或者更换
	2.着色检查	2.表面无裂纹
	3.外观尺寸检查	3.与图纸对照，无变形
	4.组装	4.1 组装Ω环，保证Ω环与设备法兰或管板的同心度，偏差不大于0.5mm； 4.2 将Ω环与设备法兰或管板进行焊接，至少分两遍施焊，且焊脚高度不小于6mm，施焊完成后焊接接头按NB/T 47013.5—2015进行100%渗透检测，I级合格
其他	螺栓垫片	垫片、螺栓规格符合图纸要求，螺栓材质、超声、磁粉等全检合格

2.5.2.4 处理措施及更换周期

（1）裂纹处理：①对于外表面深度小于3mm裂纹等缺陷打磨修复，超3mm的裂纹建议组织专家评审确定修复方案；②对于堆焊层的裂纹等缺陷应探明深度，如果缺陷未触及母材，作监控使用。

（2）螺栓更换周期：①器内螺栓一般拆检后进行更换，如需重复使用需要进行无损检测；②外部螺栓根据检测结果进行更换，更换新螺栓需对角更换。

（3）管束更换：①当管子出现外损伤或泄漏时，一般采用堵管处理，堵管率超过10%建议进行更换；②管子出现整体性的减薄或损坏，需进行评估后继续使用或更换。

（4）腐蚀情况检查：①拆卸全过程进行微正压氮气保护，抽出管束后需要在半小时内进行水枪清洗；②涡流检测出现不合格时，需要100%检查，并对不合格管子进行堵管处理。

（5）Ω环的使用寿命主要取决于两个Ω形半环间对接焊缝的质量，试验表明通过对装、拆焊接工艺进行严格的控制，Ω环可重复装拆4~6次。

（6）密封面损坏，普通损坏进行研磨修复，严重时需制定相关修复方案。

（7）螺栓等易损件一般一个大修周期更换一次，建议不超过2个大修周期进行更换，如重复使用需无损检测。

（8）更换不合格压力表及辅助设备。

（9）通过目测、内窥镜、涡流测厚等无损检测方法，检查管子腐蚀、变形等损坏情况。按照管束关注等级开展管束预防性工作，同2.5.1.4（7）。

2.6 填料塔

2.6.1 结构简图

填料塔结构简图见图2–13。

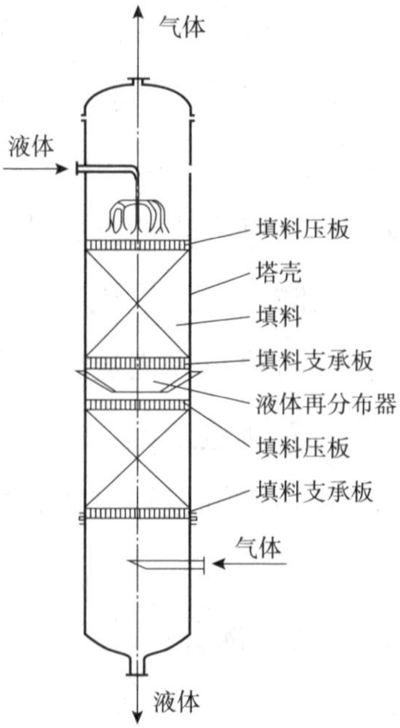

图 2-13　填料塔结构简图

2.6.2　结构特点及失效机理

制氢装置一般设计一台酸性水汽提塔将酸性水中的气体和液体分离。酸性水汽提塔为常压设备，介质为酸性水、蒸汽，采用填料塔的结构型式，填料为QH-1扁环乱堆填料，如图2-14所示。

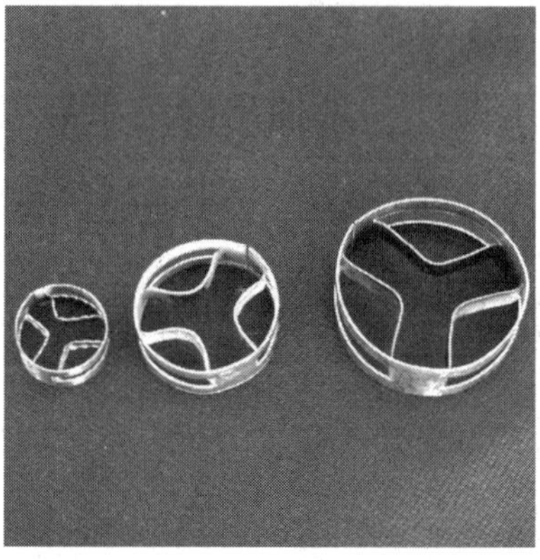

图 2-14　扁环填料

填料塔的内件主要有填料支承装置、填料压紧装置、液体分布装置、液体收集再分布装置等。填料塔是以塔内的填料作为气液两相间接触构件的传质设备。填料塔的塔身是一直立式圆筒，底部装有填料支承板，填料以乱堆的方式放置在支承板上。填料的上方安装填料压板，以防被上升气流吹动。液体从塔顶经液体分布器喷淋到填料上，并沿填料表面流下。蒸汽从塔底送入，经气体分布装置分布后，与液体呈逆流连续通过填料层的空隙，在填料表面上，气液两相密切接触进行传质，填料塔顶部设有排空口，气相直排大气。

塔内件主要包括以下几个部分：

（1）液体分布装置；

（2）填料压紧装置；

（3）填料支承装置；

（4）液体收集再分布及进出料装置；

（5）气体进料及分布装置。

汽提塔的主要腐蚀机理为CO_2+H_2O腐蚀。转化气中含的水蒸气在温度不断下降过程中冷凝，吸收了转化气中CO_2生成碳酸腐蚀环境，易造成CO_2腐蚀减薄或穿孔。

由于汽提塔常压设计，且抽出凝结水温度大于100℃，汽提塔底凝结水泵和出口管线容易产生冲蚀减薄造成泄漏。

2.6.3 隐蔽项目检查方法

汽提塔隐蔽项目检查方法见表2-7。

表 2-7 汽提塔隐蔽项目检查方法

设备部位	检查内容	检查方法及标准
塔外观	塔壁、管线的外观检查、测厚	参考塔原设计图纸数据，对塔壁、塔内管线进行测厚，外观腐蚀检查，计算腐蚀速率，且不大于0.25mm/a
	连接法兰密封性检查	检查法兰是否泄漏
分布器、填料支承、填料	清理分布器内的污垢，检查分布器的水平度	清理污垢，确保每一个排液孔畅通无阻，利用水平仪检查分布器的水平度，保证分布器水平布置，安装水平度允差为2mm。减一中回流入口分布管安装水平度公差为2mm
	检查水平支承梁或支承圈的水平度	利用水平仪检查水平支承梁或支承圈的水平度，支承梁上表面应平直，其直线度公差为1‰*L*（*L*为支承梁长度），且不大于5mm；支承梁上表面应与支承圈上表面在同一水平面上（用水平仪测量），水平度允差为8mm
	检查各分布器与支承梁或支承圈的连接紧固情况	利用尖头锤检查螺母的松动情况，必要时可以拆卸一套，检查螺母与螺栓的配合情况，如果松动严重，考虑更换部分紧固件和垫片
	检查填料情况	观察填料布置的情况，有无塌陷、破损。如果进行填料更换，要求对更换填料段塔内壁进行检查，塔内壁应磨平，焊疤、焊渣应清除干净，其凸起高度应小于3mm
	检查填料支承的情况	填料支承的安装水平度公差控制在3~4mm。对于组合装的填料格栅条，要检查各个填料格栅条的腐蚀情况，利用水平仪器检测格栅条支承梁的水平度，偏差不大于4mm
	塔筒体、封头、内外表面、接管角焊缝	塔筒体、封头测厚，内外表面宏观检查，接管角焊缝抽查
防冲板、防涡板	防冲板、防涡板检查	防冲板、防涡板应无明显腐蚀和变形

续表

设备部位	检查内容	检查方法及标准
汽提塔泵出口管线	直管、三通及弯头部位测厚检查	对管道进行剩余厚度的抽查测定，一般采用超声波测厚的方法

2.6.4 处理措施及更换周期

（1）更换塔内腐蚀严重的紧固件，进料分布器腐蚀、变形严重应更换；

（2）塔内支承部件存在变形或损坏的应更换、修复；

（3）填料有坍塌、腐蚀、脆化现象时应更换；

（4）筒体、封头局部减薄可贴板补强，焊缝缺陷应磨开重新焊接；

（5）塔内防冲板、防涡板变形、腐蚀严重时应进行更换；

（6）发现减薄严重的直管、三通及弯头部位应进行更换。

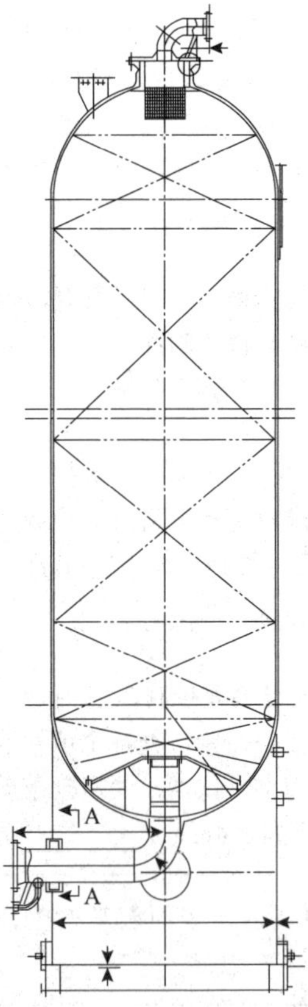

图 2-15　PSA 吸附塔结构简图

2.7 PSA 系统

2.7.1 PSA 吸附塔

2.7.1.1 结构简图

PSA 吸附塔结构简图见图 2-15。

2.7.1.2 结构特点及失效机理

PSA吸附塔是氢气净化部分的核心设备之一，该塔材料一般为Q345R，整个容器空间全装满吸附剂并设有压紧措施，上下封头开孔处为折边结构减少应力集中。运行存在交变载荷，设计使用寿命10年，交变循环次数达40万次，容易发生疲劳损坏。

2.7.1.3 隐蔽项目检查方法

PSA吸附塔隐蔽项目检查方法见表2–8。

表2–8 PSA吸附塔隐蔽项目检查方法

设备部位	检查内容	检查方法及标准
罐体	1.外观检查	1.壳体外部检查无变形，内部检查是否存在鼓包、开裂、松动
	2.焊缝检查	2.焊缝完好无裂纹，压力容器定期检验中检验评定达到3级及以上，建议大修时根据检查情况对焊缝进行着色抽检
	3.引压点检查	3.引压管畅通完好
附件	1.检查人孔	1.检查人孔接管无裂纹，焊缝完好
	2.检查梯子、平台、栏杆	2.梯子、平台、栏杆完整、牢固，保温、油漆完整美观
	3.检查安全阀和各种指示仪表	3.安全阀和各种指示仪表应有校验记录；压力表、温度计表面应用红线标出上、下限，附属阀门灵活好用
	4.检查与罐相连管线阀门	4.与罐相连管线阀门灵活好用，法兰螺栓、垫片齐全且紧固，管线焊缝着色检查无明显缺陷

续表

设备部位	检查内容	检查方法及标准
罐内件	1.检查罐内污垢情况和堵塞情况	1.罐内污垢、吸附剂粉尘应清理干净
	2.检查罐内各构件表面、各出入口	2.罐内各构件表面清洁无杂物；各出入口无堵塞
	3.检查罐入口分布器	3.入口分配器完好，无变形、破损
	4.检查罐出口收集器	4.检查罐出口收集器完好，无变形和破损
	5.不锈钢丝网检查	5.吸附剂与瓷球之间不锈钢丝网完好无破损
	6.底部出口收集器焊缝检查	6.焊缝完好无裂纹
管道混合器（如有）	内构件检查	检查混合器内件是否脱落

2.7.1.4 处理措施及更换周期

（1）壳体、焊缝缺陷应挖补修复，无损检测合格。

（2）设备内部、接管、引压管人工检查清理干净。

（3）吸附塔入口分配器、出口收集器破损应焊接修复或更换。

（4）制氢装置PSA单元前设计有管道混合器的，会影响到PSA系统运行，混合器内件脱落应进行修复或更换。

2.7.2 PSA程控阀

2.7.2.1 结构简图

PSA程控阀结构简图见图2-16。

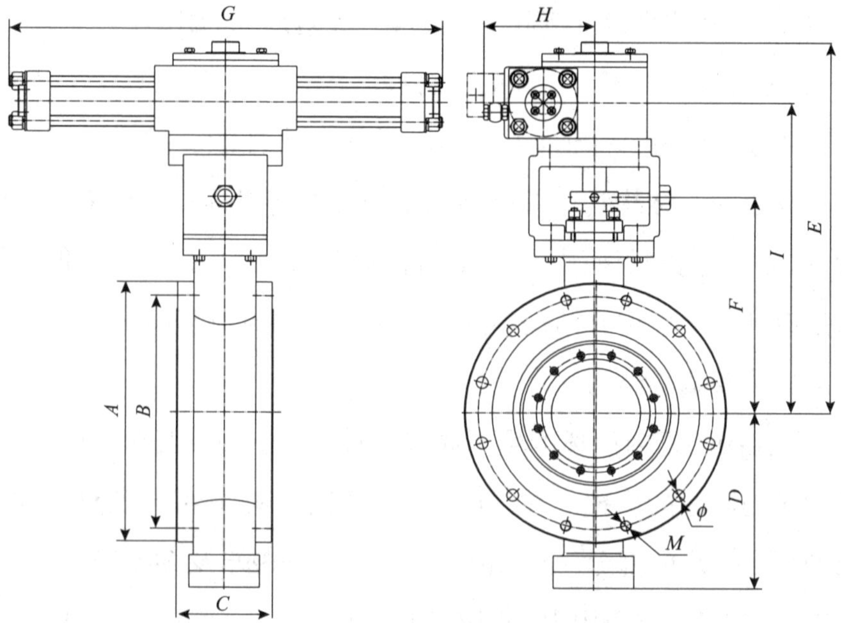

图 2-16 PSA 程控阀结构简图

2.7.2.2 结构特点及失效机理

液动PSA程控阀一般以蝶阀为主，其控制系统由液压油源、电磁阀、液压执行器、电气控制系统、位置传感器等控制组件构成。输入的开阀、关阀等阀门动作信号通过电气控制转换元件转换成电磁阀的驱动信号，用电磁阀的通断来控制液压执行器的输出，从而达到控制蝶阀动作的目的，并通过位置传感器所检测到的信号来判断阀门是否动作到位。

由于PSA自身工艺流程的特点，对程控阀有以下要求：

（1）动作频繁。一般情况下，2~6min就要开闭1次，一年按照8000h计，要开闭近20万次。

（2）开闭时间要求短。一般情况下要求2~3s就要开闭到位。

（3）能用于有毒、易燃易爆场合。

（4）能抵抗高速气流和少量粉尘（吸附剂）冲刷。

（5）有良好的密封性和耐温特性。

通用蝶阀为对称轴（中线型）结构，高性能蝶阀通常采用单偏心或双偏心结构。单偏心结构是设计时将对称轴结构中的阀门轴中心线偏离密封面中心线A，即形成了单偏心结构；双偏心结构是设计时将单偏心结构中的阀门轴中心线再偏离阀体中心线B，即形成了双偏心结构。

程控阀的密封破坏产生于阀座弹性失效（塑性变形、冷流等）和阀芯与阀座的磨损。在阀门使用过程中，填料部分是整个阀门维护频率最高的部分。在ANSI/FCI 70–2—1998及API 598—96标准里，对金属密封阀门的阀座都是允许有一定泄漏量的，但是如果泄漏量超过了标准或工艺允许的泄漏范围，就需要对阀座和阀座密封表面进行修磨。在阀门使用过程中，液压执行器的活塞密封件及齿轮轴密封件磨损也是液压执行器维护的重点。

2.7.2.3 隐蔽项目检查方法

PSA程控阀隐蔽项目检查方法见表2–9。

表2–9 PSA程控阀隐蔽项目检查方法

设备部位	检查内容	检查方法及标准
填料部分	1.对阀门填料气密检查，氢气检测报警仪器检查	1.确定填料处是否有氢气泄漏
	2.检查填料箱壁是否有缺口或划痕	2.目视检查，手触摸箱壁，观察是否有划痕

续表

设备部位	检查内容	检查方法及标准
阀内件部分	1.阀座与主密封圈的维护	1.在ANSI/FCI 70-2—1998及API 598—96标准里，对金属密封阀门的阀座都是允许有一定泄漏量的，但是如果泄漏量超过了标准或工艺允许的泄漏范围，就需要对阀座和阀座密封表面进行修磨。除非密封表面有深度划痕，一般情况下是可以通过研磨使密封效果得到改善
	2.阀杆检查	2.检查阀杆是否有磨损或缺口
液压执行器	液压执行器的活塞密封件及齿轮轴密封件检查	阀门启闭速度不正常的变慢或爬行现象严重，则可能是液压执行器活塞密封件损伤产生内漏的缘故
PSA分支油路切断手阀	阀门检查	阀门开关灵活，密封严密，填料、接头无泄漏

2.7.2.4 处理措施及更换周期

（1）将阀门从管线上卸下并将阀门置于全开位置。卸下连接阀板与压圈的螺丝，将密封圈压圈取下，便可对主密封圈及其密封垫进行维护。

（2）按更换填料的步骤拆下其余部分，可对阀杆和填料箱进行维护。

（3）除非密封表面有深度划痕，一般情况下可以通过研磨使密封效果得到改善。使用粒度为300~600目的优质研磨膏进行研磨，研磨膏应涂在阀座的密封表面上。

（4）更换密封件：拧下液压缸螺杆上的螺母，卸下缸底，缓慢推出活塞，取下各密封件；卸下缸头，缓慢推出驱动轴，取下各密封件；按要求购买密封备件，并装上各处密封件；按GB 15622—2005对液压缸重新试验。

（5）每台PSA程控蝶阀油路宜增加切断手阀。停工期间对切断手阀进行试验，确保阀门开关灵活，填料、接头无泄漏。

2.7.3 PSA液压油泵

2.7.3.1 结构简图

PSA液压油泵结构简图见图2-17。

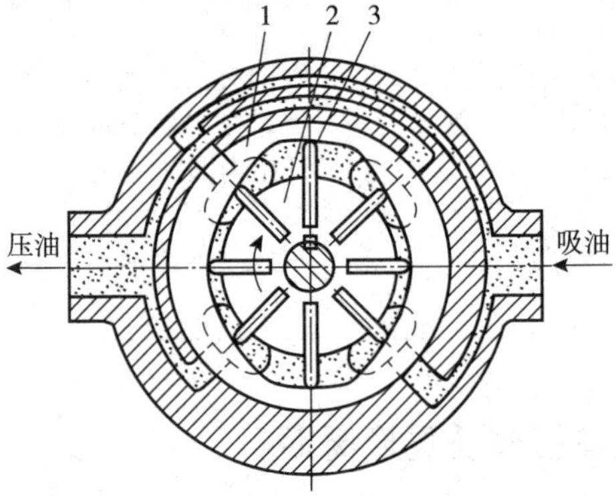

图2-17 PSA液压油泵结构简图

1—定子；2—转子；3—叶片

2.7.3.2 结构特点及失效机理

PSA液压油泵为整个PSA的程控阀开关和系统运行提供重要保证。液压油泵为双作用叶片泵，油泵出口配置溢流阀，一开一备，油压低报后自启另一台备用泵。在检修中要特别注意油品质量、管线内杂质等重要指标，对机泵也要做相应检查，以确保设备长周期运行。

2.7.3.3 隐蔽项目检查方法

PSA液压油泵隐蔽项目检查方法见表2-10。

表 2–10 PSA 液压油泵隐蔽项目检查方法

设备部位	检查内容	检查方法及标准
联轴器部分	1.联轴器内孔与轴配合情况； 2.弹性圈及销磨损情况	1.半联轴器与轴配合为H7/js6； 2.弹性圈与柱销应为过盈配合，并有一定紧力； 3.检查柱销松动情况，检查其锁母紧力
定子部分	定子内孔椭圆曲线表面磨损情况	定子内孔椭圆曲线表面不得见明显沟痕、磨损痕迹
转子部分	1.叶片刃口磨损情况； 2.转子叶片槽间隙检查	1.叶片刃口直线不得见明显断线及磨损； 2.叶片与转子叶片槽间隙需符合厂家技术要求，叶片可自由滑动，不得有明显卡涩
轴承部分	1.驱动端滚动轴承磨损情况检查； 2.非驱支承铜套（滑动轴承）磨损情况检查	1.检查铜套与轴配合间隙，间隙符合厂家技术要求、铜套内润滑螺旋槽不得有油泥及堵塞现象； 2.滚动轴承：检查内圈及外圈配合是否超差，滚动轴承内外圈配合尺寸及轴向间隙优先根据原厂资料进行检查、调整
密封部分	1.骨架油封磨损、老化情况检查； 2.油泵各处聚四氟乙烯密封圈及O形圈检查更换	1.骨架油封内圈无老化开裂现象； 2.聚四氟乙烯密封圈余面密封高度有足够密封尺寸，O形圈不得有老化变形
配油盘	配油盘端面磨损情况	内定子两侧配油盘端面不得有明显沟痕、磨损痕迹
传动轴	检查传动轴花键与转子配合间隙	检查花键表面有无变形、磨损，传动轴花键与转子配合间隙符合厂家技术要求
出口溢流阀	泵出口压力是否稳定	压力值调整无偏差
入口过滤器	检查入口过滤器	1.检查入口过滤器滤芯干净无杂质； 2.停工过程中对入口过滤器止回密封性进行检查

2.7.3.4 处理措施及更换周期

（1）联轴器弹性圈可根据现场声音及磨损碎屑，判断部件异常及缺陷，弹性圈故障时检修更换或随检修周期更换。

（2）定子内表面及配油盘端面有轻微磨损时可以金相砂纸打磨，若泵出口压力不足、漏量严重，定子及配油盘需进行更换。

（3）转子叶片刃口磨损断线后可对磨损叶片进行更换，如遇泵出口压力不足情况也可对叶片进行更换。

（4）轴承根据其使用寿命及LQ监测数据进行更换，铜套配合间隙如有超标则进行更换。

（5）骨架油封及O形圈每次检修必须进行更换。

（6）溢流阀如遇泵出口压力无法调整时需进行更换。

（7）运行一个周期对入口过滤器滤芯进行更换，对入口过滤器止回密封性进行检查确认。

3　手册引用文件

1. SHS 01006 管式加热炉维护检修规程
2. 石油化工厂设备检修手册 第七分册 加热炉
3. SHS 01009 管壳式换热器维护检修规程
4. 石油化工厂设备检修手册 第八分册 换热器
5. SHS 01007 塔类设备维护检修规程
6. SH/T 3502 石油化工换热设备施工及验收规范
7. 石油化工厂设备检修手册 第五分册 泵
8. SH/T 3526 石油化工异种钢焊接规程
9. SH/T 3096 高硫原油加工装置设备和管道设计选材导则
10. SH/T 3129 高酸原油加工装置设备和管道设计选材导则
11. TSG D0001 压力管道安全技术监察规程-工业管道
12. TSG 21 固定式压力容器安全技术监察规程
13. GB/T 150 压力容器
14. GB 50236 现场设备、工业管道焊接工程施工及验收规范
15. GB 50484 石油化工建设工程施工安全技术规范